海南
远古人类文化图鉴

Illustrated Book of
Ancient Human Culture
in Hainan Province

李超荣　编著
Compiled by Li Chaorong

科学出版社
北　京

内 容 简 介

　　本书是考古工作者自 2006 年以来，在海南省进行史前考古工作的集中展示。从遗址概况、考古工作情况以及精选标本照片三个方面进行说明和介绍，讲述了十多年来考古人在海南省史前考古领域的调查、发掘和研究工作，通过图鉴的形式让读者来了解海南岛远古人类的生活。

　　本书可作为国内外科研机构、大专院校、博物馆从事古人类学、史前考古学、古生物学、第四纪地质学等学科的研究和教学人员以及从事自然科学普及的科学工作者阅读与参考。

图书在版编目（CIP）数据

海南远古人类文化图鉴 / 李超荣编著. -- 北京：科学出版社，2020.9
ISBN 978-7-03-066255-2

Ⅰ.①海… Ⅱ.①李… Ⅲ.①古人类学 – 海南 – 图集 Ⅳ.①Q981-64

中国版本图书馆CIP数据核字（2020）第184272号

责任编辑：孙　莉　董　苗 / 责任校对：邹慧卿
责任印制：肖　兴 / 书籍设计：北京美光设计制版有限公司

科 学 出 版 社 出版
北京东黄城根北街16号
邮政编码：100717
http://www.sciencep.com

北京汇瑞嘉合文化发展有限公司 印刷
科学出版社发行　各地新华书店经销

*

2020 年 9 月第　一　版　　开本：889×1194　1/16
2020 年 9 月第一次印刷　印张：12
字数：346 000

定价：238.00 元
（如有印装质量问题，我社负责调换）

作者介绍 / About the Author

　　李超荣，男，山西省介休市人，1950 年 4 月生。北京大学历史系考古专业毕业，后到中国科学院古脊椎动物与古人类研究所从事史前考古学研究，现为研究员。现任北京市王府井古人类文化遗址博物馆副馆长，曾任法国人类古生物学研究所和日本东北大学综合学术博物馆客座教授。负责过国家自然科学基金项目和国家南水北调中线工程文物保护项目的工作。在中国 20 多个省市进行过野外考察和考古发掘，发现了山西阳高许家窑人、临汾王汾人化石，海南昌江巨猿化石和数百处旧石器遗址。主持了北京市王府井和转年、湖北省双树和外边沟、海南省信冲洞和钱铁洞等重要遗址的考古发掘。2007 年和 2009 年分别荣获南水北调中线工程考古发掘项目"优秀工地奖"和"优秀领队奖"。2017 年荣获海南省昌江黎族自治县县委和人民政府颁发的"感动昌江"十大人物荣誉称号和河北省阳原县县委和人民政府颁发的泥河湾科研、保护、发展工作"突出贡献奖"。在国内外学术刊物上发表论文与科普文章百余篇。

序 / Foreword

　　这部图鉴集中展示了最近 10 多年来海南省旧石器至新石器时代的考古新发现，其中既有洞穴遗址，也有更多新发现的露天地点。这些发现记录了晚更新世晚期以来一直到全新世期间，早期人类适应海南热带地区的自然环境，在该地区生存发展的历史。透过图鉴中珍贵的文化遗物，我们既可以了解数万年前远古祖先是如何使用简单的打制石器进行狩猎采集；也能够认识到距今数千年的新石器时代先民应用磨制石器与陶器从事农耕活动与生活的历史。还有距今数十万年前的巨猿化石遗存新发现，更为探讨远古时代海南地区环境变迁与古生物演化发展提供了科学资料。所以不论是专业研究者，还是文物考古爱好者乃至一般读者，都会从图鉴中获益，从不同角度，加深对海南地区远古人类文化的了解，增进对这片美丽土地悠久历史的认识。

　　这些发现还有另一层重要意义，可以说是为认识史前中国与东南亚地区古人类与旧石器文化的关系提供了新证据。海南岛位于中国的最南方，是连接中国与东南亚的纽带与桥头堡。更新世全球性气候变冷阶段，海平面大幅度下降，海南岛与周边出露于海平面之上的大陆架，更是将中国与东南亚大陆联结在一起，为两大地区古人类与旧石器文化的迁徙交流提供了方便条件。图鉴展示的这些古人类文化遗存，也进一步证实了两边交流的存在，显示出自远古以来中国南方与东南亚地区古人类文化发展的密切关系。

　　在《海南远古人类文化图鉴》即将出版之际，收到李超荣先生的邮件，希望为这部反映近年来海南史前考古发现重要成果的图鉴写序。刚看到邀请时感到很忐忑，虽然对海南近年来史前考古新进展十分关注，但因为没有海南史前考古的实践经历，也没有做过专门的研究，深恐辜负李先生的重托。

　　待重新翻阅海南史前考古资料，特别是看到新世纪以来，海南文物考古界同事与中国科学院古脊椎动物与古人类研究所李超荣等先生合作，在海南地区远古人类文化调查、发掘与研究方面取得一系列非常重要的进展，受益良多。特别是近 10 多年来，李先生与海南各级文物考古部门的同事为探索海南远古人类文化不懈努力，他们在海南岛热带雨林环境中，不畏艰辛进行探险考察，开展考古发掘，发现了多处重要的史前人类活动的遗址，发掘出土了很多珍贵的古人类文化遗物，为了解我们远古祖先在美丽富饶的海南宝岛上长久繁衍生息，不断演化发展的辉煌历史提供了非常宝贵的资料证据。看到这些重要的学术成果，尤其为此做出贡献的诸位同事的努力，深受感动，觉得很应该写下，并与图鉴读者分享，也借此向为我们带来这些珍贵发现的考古学者表达敬意与感谢！

王幼平

2020 年 2 月

前　言 / Preface

　　海南省位于中国南方的南海海域，气候上属于热带湿润季风气候。这里河流密布，动植物资源丰富，能够为远古人类的生活提供优越的条件。从史前文化的分布上来看，海南省并非贫瘠地带。

　　实际上，考古工作者早在 1983 年，就在三亚市落笔洞发现了远古人类生活的遗存。经过 1992 年和 1993 年的发掘，落笔洞遗址发现了距今 1 万年左右的人类牙齿化石、石制品和骨制品等大批文化遗物。自 2006 年以来，中国科学院古脊椎动物与古人类研究所的科研人员和海南省的文物考古工作者合作在昌化江、南渡江和万泉河流域的台地，以及石灰岩地区的洞穴进行了广泛的野外考察。由于植被茂密，考察工作进行得非常艰苦，但是还是在史前考古方面取得了一些重要收获。截至目前，考古工作者在海南已发现巨猿化石地点 1 处，旧石器时代洞穴遗址 1 处，旧石器时代旷野遗址 10 处。另外，也发现新石器时代的洞穴遗址 3 处和新石器时代旷野遗址 4 处。这些发现表明，海南岛在距今 5 万年左右的旧石器时代已经有人类的生存和活动踪迹，并且一直延续至今。同时值得关注的是，联合考古队在昌江信冲洞发现了距今约 40 万～ 60 万年的巨猿化石，这是迄今发现的我国巨猿化石地点最南和海拔最低的地点，为探讨巨猿的地史分布、演化和绝灭等提供了重要的材料。

　　本图鉴是对联合考古队自 2006 年以来在海南省进行的考古工作成果进行的集中展示，将从遗址概况、考古工作情况以及精选标本照片三个方面进行说明和介绍。现阶段的考古工作为我们揭开了海南省史前文化神秘面纱的一角。我们相信，本图鉴的出版将进一步促进和推动今后海南省的史前考古研究工作，也将对宣传和报道海南悠久文化历史具有重要意义。

　　为了让人们了解海南的远古人类文化，本书以图鉴的形式，图文并茂地向读者作深入的介绍。这也是考古工作者为海南 2021 年海南黎族苗族传统节日"三月三"活动献的一份厚礼。

目　录 / Contents

海南远古人类文化图鉴
Illustrated Book of Ancient Human
Culture in Hainan Province

海南省

▶▶ 洞穴遗址 ◀◀

Cave Sites in Hainan Province

昌江信冲洞遗址
Xinchongdong Site in Changjiang

昌江信冲洞遗址位于昌江黎族自治县正南20千米处，属海南省昌江县七差镇管辖。该地点是1995年保由村村民在洞穴抓蝙蝠时发现的。1998年8月初海南文物保护管理办公室和昌江黎族自治县博物馆的考古人员实地调查，采集动物化石约30千克，确定这是一处第四纪哺乳动物化石地点。2006年5～6月，为了配合昌化江大广坝水利水电二期工程，根据文物保护的要求，由海南文物保护管理办公室、海南省文物考古研究所、中国科学院古脊椎动物与古人类研究所和昌江黎族自治县博物馆的考古人员组成考古队，对信冲洞化石地点进行了抢救性发掘。在洞的裂隙堆积和支洞发现了大量哺乳动物化石，其中有犀牛、象、貘、鬣狗和豪猪等，尤其重要的是发现了巨猿化石。根据地层和动物化石的特征，初步确定化石地点的地质时代为距今数十万年的中更新世。该地点的绝对年代后经中国地震局地质研究所电子自旋共振法测定，为距今40万～60万年前，由此证明60万年前海南岛与大陆是相连的。这是首次在我国海南发现巨猿化石，也是我国发现巨猿化石最南和海拔最低的地点。新的发现对探讨我国巨猿的地史分布、演化和绝灭具有重要的意义。为了信冲洞遗址的保护，2011年1月在混雅岭区域开展了广泛的洞穴调查。2009年5月8日海南省人民政府将信冲洞遗址列入海南省文物保护单位。2013年5月3日中华人民共和国国务院将信冲洞遗址列入全国重点文物保护单位。

■ 信冲洞遗址近景
Close view of the Xinchongdong site

■ 信冲洞遗址
The site of Xinchongdong

■ 信冲洞遗址洞内地层
Stratigraphy of the Xinchongdong site

■ 信冲洞遗址洞内含化石地层
Fossil-bearing stratigraphy of the Xinchongdong site

■ 信冲洞遗址前的南阳溪 Nanyangxi river close to the Xinchongdong site

1　革命洞调查工作照　Photo of survey at the Gemingdong
　　Cave
2　混雅岭调查工作照　Photo of survey at the Hunyaling
3　4　神秘洞调查工作照　Photos of survey at the
　　Shenmidong Cave
5　田野调查工作照　Photo of field survey

■ 发掘工作照——搭梯 Photos of excavation: building ladder

■ 发掘工作照 Photos of excavation

■ 发掘工作照 Photos of excavation

■ 巨猿牙齿化石

旧石器时代

Tooth fossil of Gigantopithecus

Paleolithic Period

■ 犀牛下臼齿化石　　　　　　Lower molar fossil of Rhinoceros

旧石器时代　　　　　　　　　Paleolithic Period

■ **中华花龟**
旧石器时代
A. 背甲   B. 腹甲   C. 尾部侧面

Ocadia Sinensis
Paleolithic Period
A. Carapace   B. Plastron   C. Tail Side

A

B

C

■ 野猪犬齿化石　　　Canine teeth fossils of wild pig

旧石器时代　　　Paleolithic Period

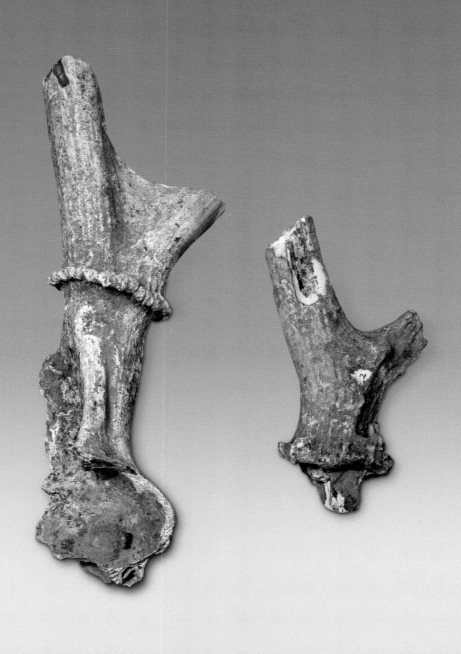

■ 鹿角化石
旧石器时代

Antler fossils
Paleolithic Period

■ 牛肱骨化石

旧石器时代

A. 正面　B. 反面

Humerus fossil of bison

Paleolithic Period

A. Front side　B. Back side

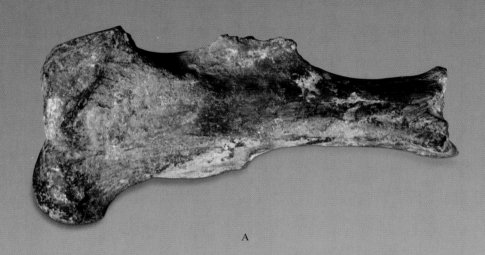

A

B

昌江钱铁洞遗址
Qiantiedong Site in Changjiang

　　昌江钱铁洞遗址位于昌江黎族自治县王下乡钱铁村。2009年发现，2012年进行试掘，2019年3月考古人员又一次在遗址采集深入研究的样品，共采集和发掘石制品160余件，此外还有少量的烧骨和动物碎骨化石。石制品类型包括石核、石片、刮削器、砍砸器、手镐、石锤和石砧等。一些重型工具以卵圆形砾石为毛坯进行陡刃加工，刃缘较长，修理疤痕呈多层鳞状分布，侵入程度高。遗址地层分上、下文化层。根据石器技术特征以及初步的光释光测年，判断遗址上文化层的年代距今6400年，下文化层年代为距今约5.5万～6.5万年。遗址的考古学年代为旧石器时代晚期。地质学的年代属于晚更新世晚期。钱铁洞遗址是海南省目前发现的年代最早的旧石器时代洞穴遗址。根据考古发掘的地层和石器的文化特征研究，它属于砾石文化。手镐是中国华南地区旧石器时代早期与中期的重要石器类型，在钱铁洞遗址发现手镐，对研究我国华南地区的旧石器文化具有重要的学术意义，也为研究古人类迁移活动提供了新的重要资料。2009年5月8日海南省人民政府将钱铁洞遗址列入海南省文物保护单位。

■ 钱铁村
The Qiantie Village

■ 钱铁洞旧石器遗址
The Paleolithic site
of Qiantiedong

钱铁洞旧石器遗址（由洞内向洞外拍）The Paleolithic site of Qiantiedong

■ 钱铁河 The Qiantie river

■ 钱铁村的植被 Vegetation at the Qiantie village

■ 钱铁洞遗址 The site of Qiantiedong

■ 钱铁洞遗址 The site of Qiantiedong

■ 钱铁洞洞内石钟乳 Stalactite in the Qiantiedong Cave

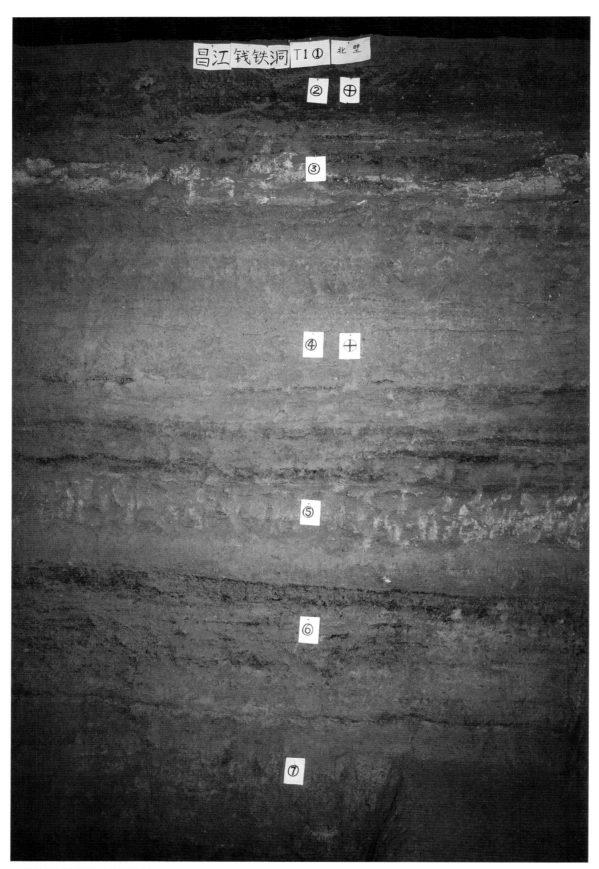

昌江钱铁洞 T1① 北壁

② ⊕

③

④ ⊕

⑤

⑥

⑦

■ 钱铁洞旧石器遗址发掘地层
Paleolithic stratigraphy of the Qiantiedong site

■ 钱铁洞遗址发掘探方
Excavation trench at the Qiantiedong site

■ 钱铁洞遗址发掘出土的石砧
Stone anvil at the Qiantiedong site

■ 钱铁洞遗址发掘出土的石片
Stone flake at the Qiantiedong site

■ 钱铁洞遗址新石器时代文化层
The Neolithic Age cultural layer at the Qiantiedong site

■ 田野调查工作照
Photo of field survey

■ 观察整理钱铁洞遗址的标本
Observation and arrangement of specimens from the Qiantiedong site

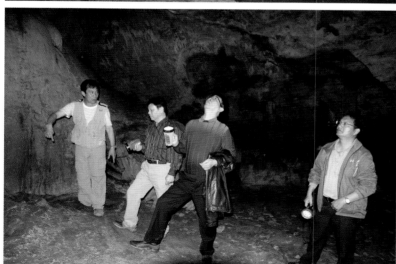

■ 发掘工作照
Photos of excavation

■ 考古队在钱铁洞遗址的合影
Photos of archaeological team taken at the Qiantiedong site

■ 残石斧

新石器时代

A. 正面　B. 反面

长 108、宽 62、厚 52 毫米

Broken stone axe

Neolithic Period

A. Front side　B. Back side

Length 108mm

Width 62mm

Thickness 52mm

A

B

■ 石斧

新石器时代

A. 正面　B. 反面

长 106、宽 56、厚 52 毫米

Stone axe

Neolithic Period

A. Front side　B. Back side

Length 106mm

Width 56mm

Thickness 52mm

A

B

■ 石核

旧石器时代

长 101、宽 75、厚 53 毫米

Stone core

Paleolithic Period

Length 101mm

Width 75mm

Thickness 53mm

■ 石核

旧石器时代

长 83、宽 57、厚 47 毫米

Stone core

Paleolithic Period

Length 83mm

Width 57mm

Thickness 47mm

■ 石核
旧石器时代
长 71、宽 50、厚 32 毫米

Stone core
Paleolithic Period
Length 71mm
Width 50mm
Thickness 32mm

■ 石核

旧石器时代

长 88、宽 86、厚 39 毫米

Stone core

Paleolithic Period

Length 88mm

Width 86mm

Thickness 39mm

■ 石核

旧石器时代

长 116、宽 78、厚 39 毫米

Stone core

Paleolithic Period

Length 116mm

Width 78mm

Thickness 39mm

■ 石核

旧石器时代

长 28、宽 28、厚 24 毫米

Stone core

Paleolithic Period

Length 28mm

Width 28mm

Thickness 24mm

■ 石片

旧石器时代

A. 腹面　B. 背面

Stone flakes

Paleolithic Period

A. Ventral face

B. Dorsal face

A

B

■ 石片

旧石器时代

A. 腹面　B. 背面

长 84、宽 52、厚 16 毫米

Stone flake

Paleolithic Period

A. Ventral face　B. Dorsal face

Length 84mm

Width 52mm

Thickness 16mm

A

B

■ 石片

旧石器时代
长 53、宽 35、厚 14 毫米

Stone flake

Paleolithic Period
Length 53mm
Width 35mm
Thickness 14mm

■ 石片

旧石器时代
长 28、宽 19、厚 8 毫米

Stone flake

Paleolithic Period
Length 28mm
Width 19mm
Thickness 8mm

■ 石片

旧石器时代

A. 腹面　B. 背面

长 72、宽 27、厚 15 毫米

Stone flake

Paleolithic Period

A. Ventral face　B. Dorsal face

Length 72mm

Width 27mm

Thickness 15mm

A

B

■ 石片

旧石器时代
A. 腹面　B. 背面
长 75、宽 62、厚 11 毫米

Stone flake

Paleolithic Period
A. Ventral face　B. Dorsal face
Length 75mm
Width 62mm
Thickness 11mm

A

B

手镐

旧石器时代
A. 正面　B. 反面
C. 左侧面　D. 右侧面
长 176、宽 89、厚 50 毫米

Pickax

Paleolithic Period
A. Front side　B. Back side
C. Left side　D. Right side
Length 176mm
Width 89mm
Thickness 50mm

A

B

C   D

刮削器

旧石器时代

长 70、宽 34、厚 10 毫米

Scraper

Paleolithic Period

Length 70mm

Width 34mm

Thickness 10mm

■ 刮削器

旧石器时代

长 71、宽 45、厚 25 毫米

Scraper

Paleolithic Period

Length 71mm

Width 45mm

Thickness 25mm

■ 刮削器

旧石器时代

长 109、宽 49、厚 19 毫米

Scraper

Paleolithic Period

Length 109mm

Width 49mm

Thickness 19mm

■ 砍砸器

旧石器时代
长 146、宽 61、厚 45 毫米

Chopper

Paleolithic Period
Length 146mm
Width 61mm
Thickness 45mm

■ 砍砸器

旧石器时代

长 135、宽 60、厚 30 毫米

Chopper

Paleolithic Period

Length 135mm

Width 60mm

Thickness 30mm

■ 砍砸器

旧石器时代

长 118、宽 81、厚 60 毫米

Chopper

Paleolithic Period

Length 118mm

Width 81mm

Thickness 60mm

■ 砍砸器

旧石器时代

长 148、宽 69、厚 44 毫米

Chopper

Paleolithic Period

Length 148mm

Width 69mm

Thickness 44mm

■ 砍砸器

旧石器时代

长 156、宽 63、厚 41 毫米

Chopper

Paleolithic Period

Length 156mm

Width 63mm

Thickness 41mm

■ 砍砸器

旧石器时代

长 120、宽 99、厚 74 毫米

Chopper

Paleolithic Period

Length 120mm

Width 99mm

Thickness 74mm

■ 砍砸器

旧石器时代

长 153、宽 70、厚 47 毫米

Chopper

Paleolithic Period

Length 153mm

Width 70mm

Thickness 47mm

■ 砍砸器

旧石器时代

长 111、宽 80、厚 53 毫米

Chopper

Paleolithic Period

Length 111mm

Width 80mm

Thickness 53mm

■ 砍砸器

旧石器时代

长 176、宽 89、厚 50 毫米

Chopper

Paleolithic Period

Length 176mm

Width 89mm

Thickness 50mm

■ 砍砸器

旧石器时代

长 122、宽 70、厚 43 毫米

Chopper

Paleolithic Period

Length 122mm

Width 70mm

Thickness 43mm

■ 砍砸器

旧石器时代

长 96、宽 63、厚 30 毫米

Chopper

Paleolithic Period

Length 96mm

Width 63mm

Thickness 30mm

■ 砍砸器

旧石器时代

长 100、宽 60、厚 44 毫米

Chopper

Paleolithic Period

Length 100mm

Width 60mm

Thickness 44mm

■ 砍砸器

旧石器时代

长 125、宽 63、厚 43 毫米

Chopper

Paleolithic Period

Length 125mm

Width 63mm

Thickness 43mm

■ 石锤

旧石器时代

A. 正面　B. 反面

长 117、宽 63、厚 39 毫米

Hammerstone

Paleolithic Period

A. Front side　B. Back side

Length 117mm

Width 63mm

Thickness 39mm

A

B

■ 石锤

旧石器时代

长 140、宽 72、厚 56 毫米

Hammerstone

Paleolithic Period

Length 140mm

Width 72mm

Thickness 56mm

■ 石砧

旧石器时代

A. 正面　B. 反面

长 101、宽 90、厚 49 毫米

Stone anvil

Paleolithic Period

A. Front side　B. Back side

Length 101mm

Width 90mm

Thickness 49mm

A

B

■ 动物化石　　　　　　　　　Animal fossils

旧石器时代　　　　　　　　　Paleolithic Period

■ 动物化石

旧石器时代

A. 骨表面　B. 髓腔面

Animal fossils

Paleolithic Period

A. Surface　B. Inner side

A

B

昌江皇帝洞遗址

Huangdidong Site in Changjiang

　　昌江皇帝洞遗址位于昌江黎族自治县北部王下乡牙泊村附近，昌化江支流南饶河岸的石灰岩洞穴。洞内可容千人。皇帝洞是昌江旅游景点。洞外群山环绕，重峦叠嶂，洞厅内各种石笋、石柱、石梯田等钟乳石成群，千奇百怪、妙趣横生，犹如仙境。曾有不同时代的人在洞内居住，发现过新石器时代的石斧、环状器、石网坠、彩陶片、夹砂陶片和汉代的印纹陶片等文化遗物。这些资料对研究海南的史前文化具有重要的学术意义。1989 年 11 月，昌江黎族自治县政府将皇帝洞新石器时代遗址列入昌江黎族自治县文物保护单位。

■ 皇帝洞新石器时代遗址
Neolithic site of the Huangdidong

■ 皇帝洞新石器遗址中洞内向外拍摄
Neolithic site of the Huangdidong, photo taken standing in the cave and shooting the scenery outside the cave

■ 皇帝洞遗址前的南饶河 Nanrao river at the front of the Huangdidong site

■ 皇帝洞遗址前的南饶河 Nanrao river at the front of the Huangdidong site

■ 皇帝洞遗址前的木棉花 Kapok at the front of the Huangdidong site

■ 皇帝洞石钟乳 Stalactite at the Huangdidong Cave

■ 石器

新石器时代

Stone tools

Neolithic Period

■ 刮削器

新石器时代

长 108、宽 58、厚 27 毫米

Scraper

Neolithic Period

Length 108mm

Width 58mm

Thickness 27mm

■ 砍砸器

新石器时代

长 121、宽 93、厚 31 毫米

Chopper

Neolithic Period

Length 121mm

Width 93mm

Thickness 31mm

■ 石锤

新石器时代

长 118、宽 85、厚 36 毫米

Hammerstone

Neolithic Period

Length 118mm

Width 85mm

Thickness 36mm

■ 石斧

新石器时代

A. 正面　B. 反面

长 103、宽 59、厚 18 毫米

Stone axe

Neolithic Period

A. Front side　B. Back side

Length 103mm

Width 59mm

Thickness 18mm

A

B

■ 残环状器

新石器时代

A. 正面　B. 反面

长 83、宽 60、厚 32 毫米

Broken annular specimen

Neolithic Period

A. Front side　B. Back side

Length 83mm

Width 60mm

Thickness 32mm

A

B

昌江石刀洞遗址
Shidaodong Site in Changjiang

　　昌江石刀洞遗址位于昌江黎族自治县王下乡钱铁村。考古队在遗址内发现石核、石片、刮削器、砍砸器、穿孔器和石砧等文化遗物。根据这些文化遗物的特征，初步判断遗址时代属于新石器时代。石刀洞遗址的发现表明远古人类在钱铁村活动的连续性。新的考古发现再次证明昌化江（也称昌江）是海南的母亲河之一。

■ 石刀洞遗址远景 Distant view of the site of Shidaodong

■ 石刀洞遗址 The site of Shidaodong

石刀洞遗址前的钱铁河 Qiantie river at the front of the Shidaodong site

■ 石核

新石器时代

长 109、宽 80、厚 44 毫米

Stone core

Neolithic Period

Length 109mm

Width 80mm

Thickness 44mm

石片

新石器时代

长 98、宽 52、厚 21 毫米

Stone flake

Neolithic Period

Length 98mm

Width 52mm

Thickness 21mm

■ 刮削器

新石器时代
长 95、宽 37、厚 14 毫米

Scraper

Neolithic Period
Length 95mm
Width 37mm
Thickness 14mm

■ 砍砸器

新石器时代

长 105、宽 67、厚 31 毫米

Chopper

Neolithic Period

Length 105mm

Width 67mm

Thickness 31mm

环状器

新石器时代
A. 正面　B. 反面
长 114、宽 91、厚 69 毫米

Annular specimen

Neolithic Period
A. Front Side
B. Back Side
Length 114mm
Width 91mm
Thickness 69mm

A

B

三亚仙郎洞遗址

Xianlangdong Site in Sanya

　　2012年3月，由中国科学院古脊椎动物与古人类研究所和三亚市博物馆组成的野外考古队，在三亚市进行了史前考古调查。考古队在三亚市区东北部的落笔峰地区发现了仙郎洞遗址。采集并从洞内地层中发现石制品22件，其中有石核、石片、刮削器、砍砸器、石锤和石砧，另外还发现一些动物骨头和零星的夹砂陶片。根据地层和出土遗物的特征，初步判断仙郎洞遗址的年代为新石器时代早期。仙郎洞遗址出土的石制品与和它临近的落笔洞遗址的石制品相比，无论在石器的加工技术还是石器类型方面，都有很大相似性，说明两者在文化上是一脉相承的。

■ 仙郎洞新石器遗址　Neolithic site of the Xianlangdong

■ 仙郎洞新石器遗址 Neolithic site of the Xianlangdong

■ 仙郎洞新石器遗址地层 Stratigraphy at the Neolithic site of the Xianlangdong

■ 仙郎洞新石器遗址地层发现的砍砸器 Chopper found at the stratigraphy of the Neolithic site of the Xianlangdong

■ 试掘工作照 Photo of test excavation

■ 刮削器
新石器时代
长 79、宽 36、厚 27 毫米

Scraper
Neolithic Period
Length 79mm
Width 36mm
Thickness 27mm

■ 刮削器

新石器时代
长 22、宽 18、厚 11 毫米

Scraper

Neolithic Period
Length 22mm
Width 18mm
Thickness 11mm

■ 刮削器　　　　　　　　　　　Scraper

新石器时代　　　　　　　　　　Neolithic Period

长 78、宽 65、厚 25 毫米　　　Length 78mm

　　　　　　　　　　　　　　　Width 65mm

　　　　　　　　　　　　　　　Thickness 25mm

■ 砍砸器

新石器时代

长 133、宽 68、厚 31 毫米

Chopper

Neolithic Period

Length 133mm

Width 68mm

Thickness 31mm

■ 动物骨头
新石器时代

Animal bones
Neolithic Period

■ 陶片   Pottery sherds
新石器时代   Neolithic Period

海南远古人类文化图鉴
Illustrated Book of Ancient Human
Culture in Hainan Province

旷野遗址
Open−air Sites in Hainan Province

目前共发现旧石器时代旷野遗址 10 处，其中 5 处发现于昌江黎族自治县，包括燕窝岭遗址、混雅岭遗址、石头崖遗址、酸荔枝园遗址和叉河砖厂遗址；3 处发现于海口市，分别为狮子岭遗址、海口砖厂遗址和台湾砖厂遗址；1 处发现于琼海市，即石角村遗址；1 处发现于澄迈县，即永金源砖厂遗址。

新石器时代旷野遗址共计 4 处，分别为昌江黎族自治县的乌烈村遗址、乙在遗址和大章村遗址，以及发现于乐东县的山荣农场遗址。

由于上述遗址的遗物大多为地表采集，且发现的标本数量很少，这里只对一些重要遗址作介绍，如燕窝岭遗址、台湾砖厂遗址和乌烈新石器遗址，其他遗址将展示每个遗址的地理地貌信息、野外工作情况以及标本照片。

■ 乙在新石器遗址 Neolithic site of Yizai

昌江燕窝岭遗址
Yanwoling Site in Changjiang

　　昌江燕窝岭遗址位于昌江黎族自治县城正南 20 千米处，属于海南省昌江县七差镇管辖，距保由村约 2 千米。

　　在发掘信冲洞化石地点期间，笔者在考察信冲洞化石地点的地质地貌时发现了燕窝岭旧石器遗址，并从属于南阳溪第二级阶地的黄色黏土中发现了一件砍砸器。2007 年 12 月由海南省文物考古研究所、中国科学院古脊椎动物与古人类研究所和昌江黎族自治县博物馆组成的考古队对遗址进行了发掘，在上文化层出土了打制的石核、烧石、磨石和陶片，另外还发现两处明显的用火遗迹。原来只是根据地层出土的石器和采集的陶片推测有上下两个文化层，此次发掘虽然在下文化层未发现文化遗物，但是发掘证明有上文化层。调查时，在下文化层发现有旧石器标本。

■ 燕窝岭旧石器遗址地层 Stratigraphy of the Paleolithic site of Yanwoling

■ 燕窝岭旧石器遗址　Paleolithic site of Yanwoling

■ 燕窝岭旧石器遗址下文化层出土的砍砸器
Chopper found at the lower cultural layer of the Paleolithic site of Yanwoling

■ 燕窝岭旧石器遗址前的南阳溪 Nanyangxi river at the front of the Paleolithic site of Yanwoling

■ 燕窝岭旧石器遗址上文化层出土磨石
Millstone found at the upper cultural layer of the Paleolithic site of Yanwoling

■ 利用全站仪考古发掘 Archaeological excavation with total station

1 测量标本 Measuring specimens
2 取标本 Collecting specimens

■ 发掘工作照 Photo of excavation

■ 砍砸器

旧石器时代

长 177、宽 130、厚 69 毫米

Chopper

Paleolithic Period

Length 177mm

Width 130mm

Thickness 69mm

海口台湾砖厂遗址
Taiwanzhuanchang Site in Haikou

　　海口台湾砖厂遗址位于海口市西秀镇南丰仍村附近的台湾砖厂，地理坐标为东经 110° 10′ 0.09″，北纬 19° 59′ 30.1″。该地点位于南渡江左岸的第二级阶地。于 2009 年 12 月 19 日考古调查中发现。获得石制品 2 件，其中一件交互打片的石英岩石核是出自该阶地浅棕红色的砂质黏土，另外一件刮削器采自该阶地。根据地质地貌和石制品的特征，初步确定该地点的考古年代为旧石器时代，地质时代可能为晚更新世。这是海南南渡江首次发现的旧石器地点，也是海南最早的一处旧石器时代旷野遗址。这一发现对研究海南的史前史和中国的旧石器文化具有重要意义。

■ 台湾砖厂旧石器遗址地层 Stratigraphy of the Paleolithic site of Taiwanzhuanchang

■ 台湾砖厂旧石器遗址　Paleolithic site of Taiwanzhuanchang

■ 台湾砖厂旧石器遗址地层出土的石核
Stone core found at the Paleolithic site of Taiwanzhuanchang

■ 台湾砖厂旧石器遗址地层出土的石核
Stone core found at the Paleolithic site of Taiwanzhuanchang

石核

旧石器时代
A. 正面　B. 反面
长 83、宽 73、厚 55 毫米

Stone core

Paleolithic Period
A. Front side
B. Back side
Length 83mm
Width 73mm
Thickness 55mm

A

B

■ 刮削器

旧石器时代

A. 正面　B. 反面

长 57、宽 33、厚 21 毫米

Scraper

Paleolithic Period

A. Front side

B. Back side

Length 57mm

Width 33mm

Thickness 21mm

A

B

昌江混雅岭遗址
Hunyaling Site in Changjiang

■ 混雅岭遗址前的南阳溪 Nanyangxi river at the front of the Paleolithic site of Hunyaling.

■ 混雅岭旧石器遗址 Paleolithic site of Hunyaling

■ 混雅岭旧石器遗址地层出土的石核
Stone core found at the Paleolithic site of Hunyaling

■ 混雅岭旧石器遗址地层出土的石核
Stone core found at the Paleolithic site of Hunyaling

■ 混雅岭旧石器遗址地层出土的石核 Stone core found at the Paleolithic site of Hunyaling

■ 石核

旧石器时代

长 124、宽 130、厚 75 毫米

Stone core

Paleolithic Period

Length 124mm

Width 130mm

Thickness 75mm

■ 砍砸器

旧石器时代

长 149、宽 112、厚 88 毫米

Chopper

Paleolithic Period

Length 149mm

Width 112mm

Thickness 88mm

昌江石头崖遗址
Shitouya Site in Changjiang

■ 石头崖旧石器遗址　Paleolithic site of Shitouya

■ 石头崖旧石器遗址前的南阳溪　Nanyangxi river at the front of the Paleolithic site of Shitouya

■ 石头崖旧石器遗址地层中出土的石核
Stone core found at the Paleolithic site of Shitouya

■ 石头崖旧石器遗址地层中出土的石器
Stone tool found at the Paleolithic site of Shitouya

■ 石核

旧石器时代

长 128、宽 92、厚 89 毫米

Stone core

Paleolithic Period

Length 128mm

Width 92mm

Thickness 89mm

■ 石核

旧石器时代

长 111、宽 85、厚 57 毫米

Stone core

Paleolithic Period

Length 111mm

Width 85mm

Thickness 57mm

■ 石核

旧石器时代

长 97、宽 70、厚 61 毫米

Stone core

Paleolithic Period

Length 97mm

Width 70mm

Thickness 61mm

■ 刮削器

旧石器时代

长 88、宽 71、厚 32 毫米

Scraper

Paleolithic Period

Length 88mm

Width 71mm

Thickness 32mm

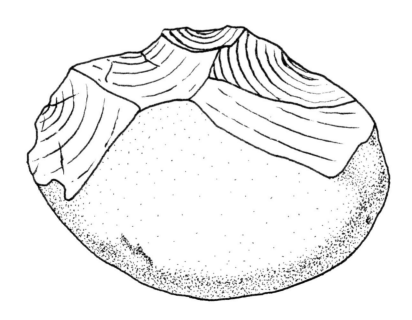

■ 刮削器

旧石器时代

长 98、宽 80、厚 42 毫米

Scraper

Paleolithic Period

Length 98mm

Width 80mm

Thickness 42mm

■ 酸荔枝园旧石器遗址
Paleolithic site of Suanlizhiyuan

■ 酸荔枝园旧石器遗址前的南阳溪　Nanyangxi river at the front of the Paleolithic site of Suanlizhiyuan

■ 砍砸器

旧石器时代
A. 正面　B. 反面
长 162、宽 103、厚 53 毫米

Chopper

Paleolithic Period
A. Front side　B. Back side
Length 162mm
Width 103mm
Thickness 53mm

A

B

■ 叉河砖厂旧石器遗址地层
Stratigraphy of the Paleolithic site of Chahezhuanchang

■ 叉河砖厂旧石器遗址
Paleolithic site of Chahezhuanchang

■ 石核

旧石器时代

长 140、宽 98、厚 77 毫米

Stone core

Paleolithic Period

Length 140mm

Width 98mm

Thickness 77mm

■ 石核

旧石器时代

长 143、宽 128、厚 48 毫米

Stone core

Paleolithic Period

Length 143mm

Width 128mm

Thickness 48mm

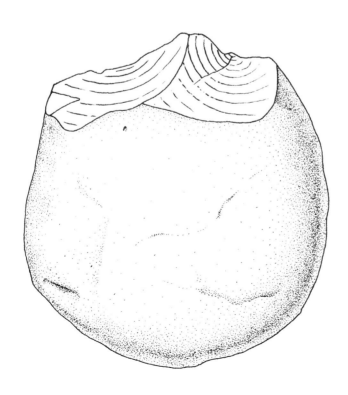

■ 石片

旧石器时代

长 89、宽 64、厚 18 毫米

Stone flake

Paleolithic Period

Length 89mm

Width 64mm

Thickness 18mm

砍砸器

旧石器时代

长 123、宽 90、厚 68 毫米

Chopper

Paleolithic Period

Length 123mm

Width 90mm

Thickness 68mm

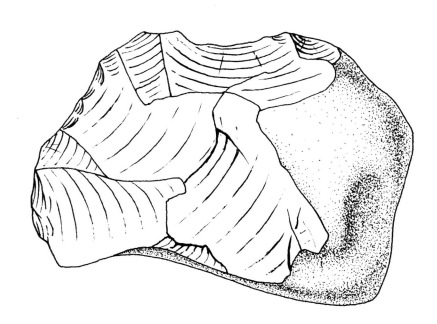

海口狮子岭遗址
Shiziling Site in Haikou

■ 狮子岭旧石器遗址地层 Stratigraphy of the Paleolithic site of Shiziling

■ 石核

旧石器时代

A. 正面　B. 反面

长 141、宽 119、厚 82 毫米

Stone core

Paleolithic Period

A. Front side

B. Back side

Length 141mm

Width 119mm

Thickness 82mm

A

B

海口砖厂遗址
Haikouzhuanchang Site in Haikou

■ 海口砖厂旧石器遗址 Paleolithic site of Haikouzhuanchang

■ 海口砖厂旧石器遗址地层 Stratigraphy of the Paleolithic site of Haikouzhuanchang

■ 刮削器

旧石器时代
长 73、宽 53、厚 28 毫米

Scraper

Paleolithic Period
Length 73mm
Width 53mm
Thickness 28mm

琼海石角村遗址
Shijiaocun Site in Qionghai

■ 石角村旧石器遗址地层 Stratigraphy of the Paleolithic site of Shijiaocun

石核

旧石器时代

A. 正面　B. 反面

长 98、宽 56、厚 41 毫米

Stone core

Paleolithic Period

A. Front side

B. Back side

Length 98mm

Width 56mm

Thickness 41mm

A

B

■ 石片

旧石器时代

长 44、宽 28、厚 11 毫米

Stone flake

Paleolithic Period

Length 44mm

Width 28mm

Thickness 11mm

■ 石片

旧石器时代

长 52、宽 25、厚 13 毫米

Stone flake

Paleolithic Period

Length 52mm

Width 25mm

Thickness 13mm

■ 刮削器

旧石器时代

长 98、宽 55、厚 27 毫米

Scraper

Paleolithic Period

Length 98mm

Width 55mm

Thickness 27mm

澄迈永金源砖厂遗址
Yongjinyuanzhuanchang Site in Chengmai

■ 永金源砖厂旧石器遗址
Paleolithic site of Yongjinyuanzhuanchang

■ 永金源砖厂旧石器遗址地层 Stratigraphy of the Paleolithic site of Yongjinyuanzhuanchang

■ 石核

旧石器时代

长 86、宽 65、厚 56 毫米

Stone core

Paleolithic Period

Length 86mm

Width 65mm

Thickness 56mm

■ 刮削器

旧石器时代

长 66、宽 35、厚 29 毫米

Scraper

Paleolithic Period

Length 66mm

Width 35mm

Thickness 29mm

昌江乌烈村遗址
Wuliecun Site in Changjiang

　　昌江乌烈村遗址位于昌江黎族自治县乌烈镇乌烈村东约 7 千米的山岗。2008 年，昌江文物普查队员在遗址地表采集到新石器时代的文化遗物 100 余件，其中有磨制的石器和夹砂的陶片。遗址的年代距今大约 5000 ～ 6000 年前。

■ 乌烈村新石器遗址　Neolithic site of Wuliecun

■ 乌烈村新石器遗址地层　Stratigraphy of the Neolithic site of Wuliecun

■ 在昌江博物馆观察标本
Observing specimens at the Changjiang Museum

■ 石环　　Stone annular specimens
新石器时代　　Neolithic Period

■ 石器　　　　　　　　　　　　Stone tools

新石器时代　　　　　　　　　　Neolithic Period

石拍

新石器时代

长 97、宽 60、厚 30 毫米

Stone clapper

Neolithic Period

Length 97mm

Width 60mm

Thickness 30mm

■ 石锤

新石器时代

长 93、宽 44、厚 38 毫米

Hammerstone

Neolithic Period

Length 93mm

Width 44mm

Thickness 38mm

■ 磨制石器
新石器时代
长 69、宽 43、厚 12 毫米

Polished stone tool
Neolithic Period
Length 69mm
Width 43mm
Thickness 12mm

■ 磨制石器

新石器时代

长 57、宽 46、厚 12 毫米

Polished stone tool

Neolithic Period

Length 57mm

Width 46mm

Thickness 12mm

昌江乙在村遗址
Yizaicun Site in Changjiang

■ 乙在村新石器遗址 Neolithic site of Yizaicun

■ 磨制石斧

新石器时代

长 75、宽 47、厚 13 毫米

Polished stone axe

Neolithic Period

Length 75mm

Width 47mm

Thickness 13mm

■ 磨制石斧

新石器时代

长 69、宽 57、厚 13 毫米

Polished stone axe

Neolithic Period

Length 69mm

Width 57mm

Thickness 13mm

昌江大章村遗址
Dazhangcun Site in Changjiang

■ 大章村 Dazhangcun

■ 大章村遗址 The site of Dazhangcun

■ 田野调查工作照 Photo of field survey

■ 磨制石器

新石器时代

长 54、宽 47、厚 10 毫米

Polished stone tool

Neolithic Period

Length 54mm

Width 47mm

Thickness 10mm

■ 磨制石器

新石器时代

长 83、宽 59、厚 24 毫米

Polished stone tool

Neolithic Period

Length 83mm

Width 59mm

Thickness 24mm

乐东山荣农场遗址
Shanrongnongchang Site in Ledong

■ 磨制石器

新石器时代

A. 正面　B. 反面

长 106、宽 53、厚 20 毫米

Polished stone tool

Neolithic Period

A. Front side

B. Back side

Length 106mm

Width 53mm

Thickness 20mm

A

B

■ 石纺轮（半成品）

新石器时代

A. 正面，孔直径 31 毫米

B. 反面，孔直径 30 毫米

长 90、宽 90、厚 14 毫米

Stone spinning wheel (semi-manufactured)

Neolithic Period

A. Front side, diameter of the hole 31mm

B. Back side, diameter of the hole 30mm

Length 90mm

Width 90mm

Thickness 14mm

A

B

结 语 / Summary

The Hainan Province is located in the South China Sea area of South China. This region is characterized by a humid tropical monsoon climate giving rise to a dense network of rivers and abundant animals and plant resources. This would have provided favorable conditions for early human occupation, and because of this paleolandscape suitability the Hainan Province has a rich prehistoric record.

As early as 1983, archaeologists discovered ancient human cultural remains in Luobidong Cave, in Sanya City, and through subsequent excavations in 1992 and 1993, a large number of stone and bone artifacts have also been recovered that date back to approximately 10,000 years ago. Since 2006, several researchers from the Institute of Vertebrate Paleontology and Paleoanthropology (IVPP), Chinese Academy of Sciences, and various cultural departments in the Hainan Province, have initiated systematic field surveys in this region. These investigations have focused primarily on the river terraces within the Changhuajiang, Nanduhe and Wanquanhe Valleys, as well as on caves that are located in its more karstic regions. While the dense local vegetation and hot temperatures made field work here extremely difficult for the collaborative research team, several important findings were nevertheless made that provide important insight into the regional archaeological sequence.

To date, archaeologists have discovered one Pleistocene-aged fossil site, one Paleolithic cave site and ten Paleolithic open-air sites, as well as three Neolithic cave sites and four Neolithic open-air sites. Collectively, these findings confirm that from at least 50,000 years ago, our ancestors were occupying Hainan Island. It is also worth noting that an extinct Giant Ape (Gigantopithecus) lived 600,000-400,000 years ago on the island, the remains of which were discovered at the Xinchongdong site, in Changjiang. This is currently the southernmost representation for this primate and for the distribution of the Giant Apes in China, thus providing important fossil material that informs our discussions about its distribution, evolution and extinction.

This illustrated book aims to exhibit the archaeological work and achievements of the Hainan Province, since 2006, by introducing the key archaeological sites for this region. A general introduction will be presented first, followed by a discussion of the archaeological work and then photos of specific selected specimens. Overall, this work presents only a small part of the mysterious prehistoric record that is reflected in the Hainan Province cultural sequence, but we believe that the publication of this book will promote further archaeological work in this region. This book will also play a significant role in reporting, documenting and disseminating information about the ancient cultures and histories of the Hainan Province.

This book aims to provide readers with a representative introduction to the cultures of our ancestors by using a range of high-quality photos and associated short descriptions. The archaeologists responsible for its compilation will present the book as a precious gift during the traditional March 3 Festival, which will be held in the Hainan Province in 2021.

参考书目 / References

郝思德、黄万波：《三亚落笔洞遗址》，南方出版社，1998 年，1 ～ 164 页。

李超荣：《丹江水库区发现的旧石器》，《中国历史博物馆馆刊》1998 年第 1 期，4 ～ 12 页。

黄启善：《百色旧石器》，文物出版社，2003 年，1 ～ 180 页。

吴伟鸿、王宏、谭惠忠、张镇洪：《香港深涌黄地峒遗址试掘简报》，《人类学学报》
　　2006 年第 1 期，56 ～ 67 页。

陈立群、杨丽华、范雪春:《福建东山旧石器时代文化研究》,海潮摄影艺术出版社,2006 年,
　　1 ～ 112 页。

李超荣、李钊、王大新等：《海南省昌江发现旧石器》，《人类学学报》2008 年第 1 期，
　　66 ～ 69 页。

李钊、李超荣、王大新：《海南的旧石器考古》，《第十一届中国古脊椎动物学学术年
　　会论文集》，海洋出版社，2008 年，167 ～ 171 页。

王明忠、李超荣、李浩等：《海南省新发现的旧石器材料》，《第十二届中国古脊椎动
　　物学学术年会论文集》，海洋出版社，2010 年，235 ～ 238 页。

黄兆雪、李超荣、李浩等：《海南省昌江县钱铁洞旧石器时代洞穴遗址》，《第十三届
　　中国古脊椎动物学学术年会论文集》，海洋出版社，2012 年，241 ～ 246 页。

孙建平、李超荣、李浩等：《海南省三亚市发现石器时代的文化遗物》，《第十三届中
　　国古脊椎动物学学术年会论文集》，海洋出版社，2012 年，235 ～ 240 页。

李超荣、李浩、许勇：《海南探宝》，《化石》2013 年第 4 期，67 ～ 75 页。

李超荣、李浩：《海南省旧石器考古的回顾与展望》，《八仙洞国定遗址保护与研究国
　　际学术研讨会论文集》，"中央研究院"历史语言研究所，2013 年。

李超荣：《海南考古的结缘地——昌江》，《化石》2014 年第 4 期，55 ～ 62 页。

李超荣、李浩：《海南省三亚市仙郎洞新石器遗址》，《2014 从马祖列岛到亚洲东南沿海：
　　史前文化与体质遗留研究国际学术研讨会会议论文集》，"中央研究院"历史语言研
　　究所等，2014 年，362 ～ 366 页。

Lu Li et al. First fossil turtle from Hainan Island, China. *RESEARCH & KNOWLEDGE*. 2015.
　　Vol.1 page 48-52.

李超荣：《远古遗址》，昌江黎族自治县中小学地方教材《纯美昌江（高中版）》，红
　　旗出版社，2016 年，89~94 页。

李超荣：《昌江县王下乡考古记》，《化石》2020 年第 3 期，47~50 页。

后 记 / Postscript

自从 2006 年以来，考古工作者经过辛勤的工作，在海南远古人类文化的调查、发掘和研究中逐步取得了一些科研成果。这些成果得到了国家自然科学基金项目（批准号：40972016）、国家自然科学基金项目（批准号：40672208）、国家重点基础研究发展规划项目——科技部基础性工作专项（批准号：2006CB806400）、中国科学院战略性先导科技专项——应对气候变化的碳收支认证及相关问题（批准号：XDA01020304）、中国科学院战略性先导科技专项——关键地史时期生物与环境演变过程及其机制（批准号：XDB26000000）、中国科学院古生物化石发掘专项经费和海南省文物考古研究所旧石器考古项目经费等的资助。

考古团队由中国科学院古脊椎动物与古人类研究所、海南省文物考古研究所和各市、县的文物部门的考古人员组成。参加人员有中国科学院古脊椎动物与古人类研究所李超荣、李浩、许勇、刘德成、罗志刚；海南省文物考古研究所郝思德、丘刚、陈江、王书印、王明忠、李钊、何国俊、蒋斌、韩非、肖明华、王邦义等；海口市旅游和文化广电体育局王大新；昌江县旅游和文化广电体育局、昌江县博物馆等单位庞大海、谢来龙、谢良平、黄兆雪、方小玲、黄玮、林理新、颜渝芳、符喜福、王小顺和刘学博等；三亚市博物馆孙建平和黄梅雨；琼海博物馆王笑；国家图书馆赵俊华。

考古团队的工作得到了中国科学院古脊椎动物与古人类研究所、海南省旅游和文化广电体育厅（文物局）、海南省民族宗教事务委员会、海南省文物考古研究所、海口市旅游和文化广电体育局（文物局）、三亚市博物馆、中共昌江黎族自治县委、昌江黎族自治县人大常委会、昌江黎族自治县人民政府、政协昌江黎族自治县委员会、中共昌江黎族自治县组织部、中共昌江黎族自治县委宣传部、昌江黎族自治县人民政府办公室、昌江黎族自治县旅游和文化广电体育局、昌江黎族自治县博物馆、中共昌江黎族自治县委党史研究中心、昌江黎族自治县地方志编撰中心、昌江黎族自治县文学艺术界联合委员会、昌江黎族自治县生态环境局、昌江黎族自治县广播电视台、七叉镇人民政府、王下乡人民政府、昌江黎族自治县图书馆和昌江黎族自治县文化馆等单位领导的大力支持，我们借此机会表示衷心的谢意！

古人类化石、古文化遗物和共生的动物化石是研究人类起源与演化的珍贵资料，是不可再生的科学资源，也是探讨古人类的迁移和古人类文化文明的证据。这些不可再生的科学资源受自然和人为等因素的破坏，学者们进行研究的信息材料就越来越少，这不利于学者们的学术研究和学术问题的探讨。在海南进行国际旅游岛和自由贸易港的建设中，考古工作者一直注重史前文化的保护工作，有责任来保护这些不可再生的科学资源。虽然考古工作者在海南的远古人类文化取得了一些收获，但是，还要继续努力工作，去发现更丰富的材料，进行综合性的研究，从而推动海南的远古人类文化的深入研究。

中共昌江黎族自治县委书记和昌江黎族自治县人民政府县长对出版《海南远古人类文化图鉴》给予高度重视和支持。本书的编著由昌江黎族自治县人民政府立项，并为本书的出版拨出专款。由于考古团队的辛勤付出和过往发表的研究成果，才能使作者能编著这本《海南远古人类文化图鉴》。图鉴的遗址和标本照片由李超荣拍摄，少量的工作照片由考古队员拍摄。在拍摄的过程中，中国科学院古脊椎动物与古人类研究所的邢松和北京文物局图书资料中心的祁国庆也给予热情帮助，李浩在图鉴的初步编排中，做了一些具体的工作，为图片注释了英文，为图鉴撰写了英文摘要。许勇绘制了石器图。北京大学考古文博学院王幼平教授在百忙之中，为本图鉴作序。科学出版社文物考古分社孙莉和董苗女士为图鉴的编排校对付出心血，在此一并致谢！

在编著中，因时间仓促和水平有限，难免存在诸多疏漏与不足之处，望广大读者多提宝贵意见。